AF311100

MÉMOIRE

POUR

M.ʳ VERDIER, Propriétaire-Agronome à Orléans,

A l'appui d'une demande en défrichement qu'il a adressé à S. Exc. le Ministre des Finances.

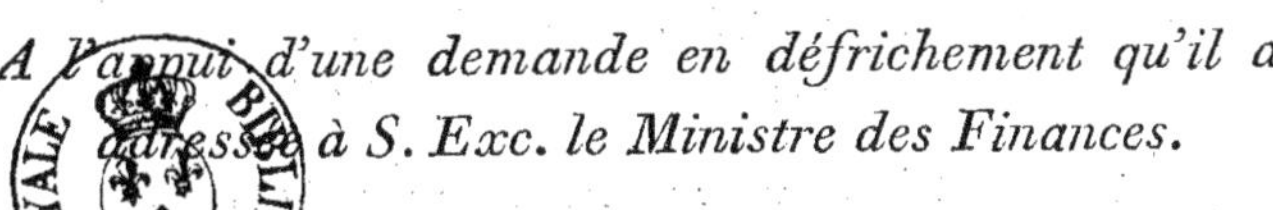

J'AI présenté à S. Exc. Mgr. le Ministre des Finances une requête tendante à obtenir la permission de défricher une pièce de bois-taillis contenant 160 hectares, située près de Selles-sur-Cher, dans un vallon qui règne entre les deux rivières du Cher et du Fouzon, *à la charge par moi de planter en bois un autre terrain de pareille quantité, situé dans un rayon de deux lieues au plus de la ville de Selles.*

Si ma demande était portée devant des hommes susceptibles de se laisser dominer par un sentiment d'envie, elle pourrait être mal accueillie. En effet, seulement occupés de l'avantage que doit me procurer le défrichement demandé, ils oublieraient qu'il ne peut exister pour moi sans devenir en même temps l'avantage de l'Etat, et alors la permission que je sollicite serait sans doute refusée.

Mais j'ai adressé cette demande à un Ministre éclairé, administrateur de la fortune publique, qui, chargé de l'examen des moyens qui tendent à l'améliorer, a reçu de la loi le pouvoir d'en permettre l'usage. Déjà ses preuves sont faites, le bien général est tout pour lui. Que ne dois-je donc pas espérer de sa justice, lorsque je lui donne une nouvelle occasion de le prouver?

Une loi récente vient d'interdire, pour vingt ans encore, aux propriétaires de bois la faculté d'en disposer librement. Ainsi, pour eux le droit le plus sacré, le droit que la nature elle-même a donné à chacun

I

d'user et d'abuser de sa propre chose, le droit de propriété enfin est
resté suspendu ! Pour eux seuls conséquemment pèse encore pendant
vingt ans une charge énorme qui devrait être celle de tous les citoyens !
Et en effet, personne n'ignore que les bois ne peuvent être conservés
en nature sans une perte considérable, puisque généralement ils ne rapportent pas plus du tiers de ce que le terrain produirait en culture.
Or, lorsque c'est dans l'intérêt *de tous* qu'une obligation aussi onéreuse
est imposée, lorsque c'est sur la loi qui autorise l'expropriation *pour
cause d'utilité publique*, *MAIS MOYENNANT UNE JUSTE ET PRÉA-
LABLE INDEMNITÉ*, que la défense d'arracher les bois est fondée, (*)
pourquoi n'a-t-on pas fait supporter *par tous* le préjudice qu'on fait
éprouver à leurs propriétaires ? pourquoi n'a-t-on pas rempli le vœu de
cette loi (prise pour base) dans la partie qui prescrit un dédomma-
gement ? pourquoi enfin l'a-t-on scindée, quand il est de sa nature d'être
essentiellement indivisible ? En refusant la juste indemnité due à celui
qui souffre un préjudice dans l'intérêt de tous, n'est-ce donc pas violer
cette autre loi fondamentale et de justice, qui veut que les charges de
l'Etat soient également réparties entre les citoyens ? Lorsque vous prenez
le terrain de l'un dans l'intérêt commun, vous le dédommagez en lui
en payant la valeur ; pourquoi ne l'indemniseriez-vous pas lorsque, *dans
le même intérêt*, vous lui occasionnez une perte notable en frappant
sa propriété d'une espèce d'interdit, et en le privant des ressources
positives qu'elle lui offre ? La difficulté de régler l'indemnité est plus
grande sans doute ; mais un gouvernement équitable peut-il cesser de
l'être par un semblable motif ?

Quoi qu'il en soit, la loi qui défend les défrichemens existe, je lui
dois mon respect. Ce n'est donc point dans l'intention d'en contrarier
l'exécution que je viens de parler du droit d'indemnité que les propriétaires de bois auraient pu être fondés à réclamer ; mon seul but, en me
livrant à cette discussion, a été de faire écouter ma demande avec plus
d'indulgence.

Heureusement cette loi, présentée et défendue d'une manière si timide,

(*) Exposé des motifs du projet de Code forestier, par M.r de Marti-
gnac, à la Chambre des
Députés.

tant le droit de propriété est sacré pour les sages législateurs! heureusement, dis-je, cette loi n'est point absolue, en ce sens qu'elle laisse
au Ministre des Finances le droit d'accorder ou de refuser la permission
de défricher lorsque la demande lui en est particulièrement adressée.
Heureusement aussi nous possédons un Ministre des Finances qui ne sait
user de son pouvoir que pour être juste, un Ministre qui, chargé de
faire exécuter une loi évidemment accablante pour une certaine classe
de propriétaires, saura en adoucir les rigueurs lorsque, comme dans
l'espèce qui lui est en ce moment soumise, il aura le bonheur de trouver
que tout concourt à satisfaire et l'intérêt public et l'intérêt particulier.

Le bois de Selles que je désire défricher est en effet dans une position telle qu'elle me semble garantir au plus haut degré que ce ne sera
point en vain que j'aurai espéré, de l'équité et de la justice de Son
Excellence, d'en obtenir l'autorisation.

Ce bois est loin d'être dans le cas de ceux que toutes les lois contre
les défrichemens ont eu pour but d'atteindre, c'est-à-dire dans le cas
des bois qui couronnent les montagnes. Il est en effet situé dans un
vallon qu'entourent au nord la rivière du Cher et au midi la rivière
du Fouzon, de manière qu'il se trouve au fond d'une presqu'île, au
confluent de ces deux rivières. Le Fouzon, plus élevé que le Cher,
s'y réunit à l'extrémité du bois, après l'avoir baigné dans la moitié
de son étendue. Personne n'ignore que le Cher est sujet à de fréquens
gonflemens, occasionnés, soit par l'abondance des eaux pluviales, soit
par la fonte des neiges des montagnes où il prend sa source, et alors
il en résulte des débordemens qu'augmentent encore ceux du Fouzon,
qui, ne pouvant plus trouver un libre cours à son entrée dans le Cher,
se déverse à plein bord dans le bois dont il s'agit. Personne n'ignore
aussi qu'à raison de ces circonstances il ne se passe presque pas d'année
que le sol ne soit couvert d'eau pendant un temps plus ou moins long,
et l'on doit bien juger que l'évaporation ne pouvant s'opérer dans un
bois, la *salubrité* du pays se trouve continuellement compromise, et
que l'exploitation, souvent impossible, est toujours très-difficile.

Que peut-on raisonnablement opposer au projet de défrichement d'un pareil bois ?

M.^r le comte Roi, maintenant Ministre des Finances, dans le rapport qu'il a fait à la Chambre des Pairs sur le nouveau Code forestier, a dit:

« Le déboisement des montagnes excite surtout des plaintes univer-
» selles: leur stérilité par l'entraînement de la terre végétale qui était
» retenue par les bois, la diminution des eaux de source, l'augmen-
» tation des eaux superficielles, la formation de torrens qui boule-
» versent les propriétés placées au-dessous de ces sols élevés, sont la
» suite des défrichemens qui s'y sont faits. *Ce sera contre ces défri-*
» *chemens que l'administration s'armera de sévérité.* »

Est-il téméraire de conclure de ces expressions que si le projet de loi sur les défrichemens n'eût eu pour objet que des bois de vallon sujets à des submersions continuelles, le langage de M.^r le rapporteur eût été tout différent, et que son avis n'eût jamais été en faveur de ce projet ?

Et en effet, indépendamment de l'insalubrité qui en résulte, quelles essences peuvent croître dans un sol aussi aquatique ? Les faux bois, les ronces, les épines, les mauvaises herbes, voilà ce qu'on voit prospérer en immense quantité dans un terrain qui a pour voisins immédiats des prés de première qualité, et dont le foin renommé est demandé et recherché à 20 lieues à la ronde ! Je le dis avec la franchise qui me caractérise, on gémit de voir la nature ainsi abandonnée à elle-même, et un sol si fécond ne pas être mis à profit. Oui, un père de famille qui, libre de disposer d'une semblable propriété, ne la convertirait pas en une bonne prairie ou en bonnes terres arables, dont l'évaporation et l'assainissement se feraient si facilement, ne mériterait jamais le titre de protecteur de la fortune de ses enfans.

Si la nature commande une telle conversion, la fortune publique ne la réclame pas moins impérieusement.

Composée des fortunes particulières, la fortune publique s'améliore nécessairement avec elles. Un changement utile ne peut donc être fait sur une partie du sol français, sans que l'avantage ne s'en répartisse sur toutes; c'est l'effet de l'augmentation de la matière imposable, dont la démonstration mathématique est facile.

La masse des impôts se divise nécessairement en proportion de la valeur des propriétés, c'est-à-dire de la matière imposable, entre chaque département, puis entre chaque arrondissement, chaque canton, chaque commune, et enfin entre chaque particulier. Or, il est indubitable que si un particulier améliore sa propriété il subira une augmentation d'impôts, et que tous les autres contribuables, suivant l'échelle que je viens d'établir, en paieront d'autant moins; car la masse des impôts n'augmente pas en raison de l'augmentation de la matière imposable; cette masse est réglée, déterminée par les seuls besoins de l'Etat, d'où il résulte évidemment que plus la valeur des propriétés est forte, plus la charge de l'impôt devient légère pour tous.

Personne n'ignore que les bois, quoique généralement surchargés d'impôts, proportionnellement à leur produit réel, en paient moins que les terres arables et surtout que les prés du même canton. Le bois de Selles est particulièrement dans ce cas ; son impôt actuel est de 2 fr. 62 c. l'hectare, tandis que celui des prés voisins immédiats est de 14 fr. 11 c.

Qui pourrait, d'après cette comparaison, méconnaître l'immense avantage qu'il y aurait pour la fortune publique à ce que les bois, évalués seulement à 9 fr. 83 c. de revenu annuel l'hectare, fussent mis en prés, semblables à ceux qui leur sont limitrophes et qui sont portés sur les rôles à un revenu annuel de 44 fr. ?

Si la fortune publique gagne sensiblement à la conversion que je me propose de faire de mes bois en prés, que puis-je redouter de la justice de Son Excellence, qui n'a d'autre guide que l'intérêt général ? Sera-ce donc sa sollicitude pour l'intérêt des habitans ?

A cet égard, je pourrais dire qu'il n'est point de canton mieux favorisé que celui de Selles sous le rapport des bois : la population de la ville de Selles est au-dessous de 2000 ames ; la plupart des habitans sont des vignerons qui n'en font qu'une très-faible consommation ; on sait que leur chauffage se compose principalement du sarment de leurs vignes ; il n'existe aucune usine qui en fasse emploi ; et cependant ce canton est environné, à une, deux et trois lieues au plus, de la forêt de Saint-Aignan, de la forêt de Valençay, et de tous les bois de la Sologne.

Mais je fais cesser toutes les clameurs possibles, même de la part des picoreurs qui sans doute élèvent le plus la voix, en offrant, comme je le fais dans ma requête, de replanter en bois résineux ou autres une quantité de terrain égale à celle que je demande la permission de défricher, au fur et à mesure du défrichement, et à pareille distance de la petite ville de Selles, c'est-à-dire dans un rayon de deux lieues au plus.

Quiconque connaît la culture des bois ne peut nier que les bois résineux donnent une quantité incalculable de combustible et en très-peu de temps. Ce genre d'exploitation, dans lequel mon expérience est acquise depuis douze ans, doit être d'autant plus avantageux au canton de Selles, composé de vignes, qu'il fournit, par le dépressage, une ressource immense pour le charnier.

Le pays ne peut donc qu'y gagner infiniment ; il est de toute évidence que la nouvelle plantation qui en remplacera une ancienne, usée dans plusieurs parties, doit lui procurer, dans un avenir peu éloigné, du bois de chauffage, du charnier et du bois de charpente, à bien meilleur marché qu'à présent.

Peut-être objectera-t-on qu'au moins jusqu'à ce que ces nouveaux bois aient atteint une certaine force, le pays manquera de combustible.

Cette objection est ridicule pour ceux qui connaissent le canton de Selles, situé, comme je viens de le dire, au centre de plusieurs forêts et de beaucoup d'autres bois. Elle prouve, au reste, qu'on peut s'attendre à tous les raisonnemens de la part de ceux qui veulent à toute force s'opposer au défrichement d'un bois qui appartient à un seul individu. Je suis étranger aux habitans de Selles ; aucune considération locale, aucun ménagement personnel ne peut conséquemment militer

en ma faveur. Or, que disent-ils ? « Nous ne voyons que le présent ;
» si M.ʳ Verdier fait arracher ses bois, nous serons obligés d'en aller
» chercher plus loin ; comme cela nous sera moins commode, tâchons d'em-
» pêcher le défrichement ; tant pis s'il en résulte un préjudice pour lui. »
Ils tiendraient le même langage quand j'aurais 4000 arpens de bois dans
le même canton, parce que, du moment que je parlerais d'en supprimer
une partie quelconque, ils se mettraient toujours dans l'idée, les uns
de bonne foi et les autres dans la seule intention de me nuire, que leur
intérêt personnel en souffrirait. Et en effet, consultez les habitans d'un
pays où le bois vaut 6 fr. la corde ; parlez-leur d'un défrichement qui
pourrait le faire monter à 7 fr., et vous les verrez s'y opposer de tout
leur pouvoir : tels sont les hommes pris en masse et ne combattant qu'un
individu qui leur est étranger ; assurément, si l'on s'en rapporte à eux,
jamais ils n'auront assez de bois et jamais le défrichement d'un seul arpent
ne devra avoir lieu.

Mais je dois faire ici un aveu, c'est qu'avec le dessein que j'ai
formé d'établir un haras et de faire beaucoup d'élèves de bestiaux dans
les deux fermes que je possède au même endroit et qui sont enveloppées
par mes bois, je suis fermement déterminé à sacrifier ceux-ci et à y
laisser les chevaux et les bestiaux en pleine liberté, quelque soit l'âge
du taillis, ayant l'expérience positive que l'herbe qui y pousse me présente des résultats bien plus avantageux que le bois même. Déjà j'ai
exécuté mon projet à cet égard dans trois différentes ventes qui touchent
à mes fermes, et je ferai de même lors de la coupe des ventes pro-
chaines.

Or, à qui sera la faute, si ce projet, qu'aucune loi ne peut m'empêcher d'accomplir, continue ainsi de recevoir son exécution ? Qui devra,
des habitans ou de moi, s'imputer la destruction plus ou moins rapide
des bois qui existent aujourd'hui, sans remplacement par les plantations et les semis que j'offre de faire ? Enfin, qui méritera des re-
proches si alors le prix du bois augmente, quand je propose le moyen
de le faire diminuer ?

On a dit aussi : nous n'aurons donc plus de bois de chêne pour la charpente ?

N'en déplaise aux habitans de Selles, dans ce siècle positif où l'intérêt composé, si mal compris jusqu'à présent par les propriétaires, est à l'ordre du jour, dans ce siècle de spéculation, si heureux pour les seuls capitalistes, les premiers à rire des propriétaires qui s'épuisent et se gênent continuellement pour parvenir à des améliorations de fortune que ces mêmes capitalistes, exempts de toutes charges, obtiennent si facilement, il ne faut pas croire que je cultiverai des futaies qui ne rapportent pas un quart pour cent, dans un terrain comme celui de Selles, pour le bon plaisir de ses habitans, qui au reste savent si bien et si avantageusement tirer parti de ce qui leur appartient. Il faudrait à cet égard que les propriétaires de bois y fussent contraints par une puissance souverainement injuste, ce qui n'est pas. Le législateur, animé par d'autres sentimens, vient de les affranchir pour jamais d'une condition aussi onéreuse ; il a sçu apprécier enfin l'énormité du sacrifice que l'obligation de conserver des futaies imposait injustement à ces propriétaires ; et en effet, il faut qu'on sache qu'un hectare de terrain, de valeur de 1000 fr., mis en futaie de chêne, ne donne au bout de 150 ans que pour environ 8000 fr. de bois, en bon pays et en bon fonds ; tandis qu'un pareil capital de 1000 fr., placé à intérêts composés, d'année en année, donnera, après un semblable délai, un produit de plus d'un million ! ! !

Qu'on juge maintenant s'il est permis d'espérer des futaies des propriétaires particuliers, à moins que ce ne soit dans un terrain dont il soit impossible d'obtenir un autre genre de production ?

Il est donc bien évident que, si l'on tient en France à avoir des futaies, le gouvernement seul peut les cultiver et les conserver, parce que si c'est une charge pour lui, du moins elle pèse sur tous les Français, et alors on se trouve rentrer dans ce principe qui veut qu'il y ait égalité dans la répartition des charges de l'État, ce qui n'arriverait pas si un propriétaire était forcé de conserver des bois qui ne lui don-

(9)

neraient qu'un revenu presque nul , pour en faire jouir d'autres particuliers qui auraient la libre disposition de leur fortune.

Aussi , je le déclare également avec franchise , mon intention est encore moins d'élever des futaies à Selles que d'y conserver des taillis ,
et ceux qui voudront y bâtir en chêne doivent par conséquent déses-
pérer d'en trouver dans ma propriété. Je suis père d'une nombreuse
famille , et je me croirais le plus cruel ennemi des intérêts de mes enfans
si jamais je suivais une autre détermination.

Mais j'offre aux habitans de Selles et à ceux de tous les environs de
leur faire venir d'autres futaies , qui , en bien moins de temps , c'est-
à-dire dans l'espace de 40 à 50 ans , peuvent tout concilier , le bon
marché , le respect dû à la propriété , et l'observance de la loi sur l'égalité des impôts ; ce sont les semis d'arbres résineux , déjà en usage dans
tant de pays pour la charpente et pour le chauffage.

J'ignore maintenant quelles sont les raisons qui peuvent empêcher la
conversion du bois-taillis de Selles en prés , et la plantation que je veux
faire d'une pareille quantité de terrain dans les environs.

Ce terrain , situé à une lieue et demie de Selles , est , depuis ma
demande en défrichement , l'objet d'une négociation particulière que je
tiens en suspens jusqu'à la décision définitive de Son Excellence. Il est
parfaitement sain , et je garantis le succès le plus complet des semis et
de la plantation ; il en existe déjà qui peuvent servir de preuve à cet égard.

Je dois faire ici une observation importante , qui sans doute fixera
encore l'attention de Son Excellence,

C'est que le terrain que je veux acquérir pour planter , ne produi-
sant que de mauvais seigle , ne paie pas 2 fr. d'impôt par hectare ; or ,
lorsqu'il sera mis en bois , il est de toute certitude qu'il pourra , sans
surcharge , en payer trois et quatre fois plus , ce qui sera encore d'un
grand avantage pour la fortune publique , qui , par cette raison , réclame
doublement le revirement , s'il m'est permis de m'exprimer ainsi , du
bois de Selles.

2

Je sais qu'on a dit que beaucoup de bois se trouvaient aussi dans le cas d'améliorer la fortune publique par le défrichement, et que dès-lors la masse s'en trouverait bientôt réduite.

Je réponds d'abord que si l'on offre de les remplacer dans le même canton, de manière que l'intérêt public et l'intérêt particulier puissent se concilier, je ne sais pas pourquoi la permission de défricher ne serait pas accordée lorsqu'elle est demandée ; mais ensuite je défie qui que ce soit de citer un taillis dont le défrichement présente autant d'avantage que le mien, et qui, comme lui, à raison de sa position entre deux rivières, et sous tous les rapports, de la salubrité, de la difficulté de l'exploitation et du voisinage des forêts, permette à Son Excellence d'user plus légitimement et plus utilement du droit que la loi lui accorde d'autoriser un défrichement.

Avant la promulgation du nouveau Code forestier, j'ai présenté au Ministre des Finances d'alors plusieurs demandes pour obtenir la permission de défricher les parties les plus humides du bois de Selles. Je n'offrais point de les remplacer par de nouvelles plantations. M.ᵣ de Villèle n'a pas cru devoir faire droit à mes demandes, et c'est sur son refus que je me suis déterminé à y mettre mes bestiaux aussitôt après la coupe du bois, et à détruire ainsi les portions qui devenaient indispensables à l'exploitation de mes fermes.

Ce moyen a irrité les agens de l'administration forestière, qui, comme l'a dit M.ᵣ de Villèle lui-même « regarde les bois comme un domaine » avec lequel elle s'identifie, et qui, par cette raison, peut tendre à » trop les conserver ». Des poursuites ont alors été dirigées contre moi ; mais elles ont été aussitôt arrêtées par l'équitable décision de M.ᵣ le Directeur-général des Forêts, qui a accepté l'offre que j'ai faite de remplacer les 15 hectares de bois que mes bestiaux avaient déjà détruits, par de nouvelles plantations sur un terrain d'une contenance égale, situé dans un rayon de deux lieues de la ville de Selles.

Planter ou semer 15 hectares de bois isolément, c'est tout hasarder. Quelque désir que j'aie de satisfaire et l'intérêt public et l'intérêt local, on conçoit que je ne puis placer un garde pour en surveiller une aussi

faible quantité. Alors , dans l'espoir qu'en demandant à Son Excellence
la permission de défricher le bois de Selles , par des motifs aussi puissans que ceux que j'ai développés dans le cours de ce Mémoire , je l'ob-
tiendrais de sa justice, j'ai suspendu l'exécution de la condition qui
m'a été imposée de replanter les 15 hectares , afin de me livrer en même
temps à la formation d'une espèce de forêt qui puisse mériter tous mes
soins , et être proportionnée aux frais que doit nécessairement occasionner
sa conservation. Au reste, je ne suis point en retard de remplir la condition , puisque M.ᵣ le Directeur-général m'a accordé un délai de deux
ans , qui n'expirera qu'en 1829.

La demande sur laquelle Son Excellence a maintenant à statuer a
été renvoyée, comme les précédentes , aux agens de l'administration
forestière ; et , à cet égard, je dois faire observer que , d'après les in-
formations qui me sont données par mon chef d'exploitation , les agens
qui viennent d'examiner les lieux sont les mêmes que ceux qui se sont
déjà prononcés sur les demandes que j'ai faites avant le Code forestier,
et qui se sont tant irrités de ce que j'avais fait détruire une partie de
mes bois par les bestiaux.

L'objet de ma demande actuelle est sérieux, important ; il ne s'agit
pas seulement de savoir si le bois de Selles est bon ou mauvais, sec
ou humide, de bonne ou de mauvaise essence ; il faut aussi qu'on
soit en état de juger, dans tout leur ensemble, des immenses avantages
que doit recueillir la fortune publique de l'exécution de mes projets;
et , à cet égard, des connaissances en économie politique, la maturité
de l'âge et les leçons de l'expérience deviennent nécessaires. C'est , je
n'en doute pas , ce que Son Excellence pensera comme moi ; aussi je
suis intimement convaincu que , cette fois, l'avis d'un Sous-Inspecteur,
jeune encore et maîtrisé peut-être malgré lui par des opinions émises
antérieurement, ne sera point une loi irréfragable. Son Excellence re-
connaîtra que ce n'est point en quelques heures qu'un agent passe sur
les lieux , et sur des renseignemens donnés par des personnes plus ou
moins intéressées , plus ou moins passionnées, qu'une aussi grande opé-
ration peut être appréciée.

Dans une telle occurrence, Son Excellence ne me jugera pas sans m'avoir entendu. Lors de mes premières demandes, le Sous-Inspecteur, accompagné du Garde-général, faisait particulièrement ses rapports, et il ne m'en était jamais donné connaissance. Il m'a donc été impossible de relever les erreurs que cet agent, qui sans doute n'a pas la prétention d'être infaillible, aura pu commettre; et c'était par la signification de l'opposition du Ministre que j'apprenais que mon affaire avait été *instruite*. C'est, à mes yeux, une lacune dans la loi que de ne pas ordonner la communication au propriétaire intéressé, du rapport de l'agent forestier qui est sa partie adverse, et qui se trouve ainsi jouir de tout l'avantage de l'attaque sans avoir rien à redouter d'une défense impossible. Ce n'est pas sous un gouvernement dont la franchise est un des plus beaux caractères, qu'un pareil mode doit être suivi. Aussi, c'est avec la plus grande confiance que j'ose espérer que Son Excellence daignera me faire donner copie du rapport de MM. les agens de l'administration, sur la requête que je me propose de lui présenter à cet égard, afin que je puisse lui fournir les observations qui doivent éclairer sa justice. J'y suis d'autant plus intéressé que, si j'en crois les propos qui ont eu lieu à Selles lors du transport de M.ʳ le Sous-Inspecteur (si fort, dit-on, du pouvoir souverain qu'il croit avoir encore dans cette affaire), ses insinuations, dirigées contre un homme jaloux de conserver l'estime publique qu'il croit mériter, seraient attentatoires à ma véracité en ce que j'aurais été inexact dans la description des lieux, *dont cependant j'ai joint le plan à ma requête*, et à ma bonne foi en parlant du terrain que je veux planter en remplacement et *qu'il n'a pas trouvé*. Sans doute il ne pouvait le trouver, puisque l'acquisition en est subordonnée à la décision de Son Excellence; et je dois avouer à cet égard que, surchargé de propriétés, si je veux en acquérir dans les environs, c'est uniquement, en effet, pour satisfaire à la condition de remplacer les bois que je désire défricher. Mais au reste, qu'importe que je sois ou que je ne sois pas encore propriétaire de ce terrain? du moment que j'offre de *souscrire l'obligation de replanter pareille quantité et dans un rayon de deux lieues*, rien ne peut me soustraire à cette obligation qui comporte nécessairement celle d'acquérir un terrain convenable et de le faire agréer comme tel par l'administration, ainsi que M.ʳ le Directeur-général m'y a assujéti relativement aux 15 hectares mangés par les bestiaux; car autrement qu'en résulterait-il? c'est que si je n'en acquérais pas d'autre ou si celui que j'acheterais n'était pas reçu par l'administration, je me trouverais dans la nécessité absolue de replanter le terrain que j'aurais défriché; et certes on doit bien penser que je ne m'y exposerais pas; on peut être au contraire assuré d'une chose, c'est que la plantation et le semis seront faits plutôt que le défrichement.

M.ʳ le Sous-Inspecteur a, dit-on, beaucoup parlé de l'intérêt des habitans; il aurait été, dans sa tendre sollicitude, jusqu'à avancer qu'ils manqueraient de bois. Manquer de bois à Selles, quand il se vend 20 fr. la corde dans l'immense forêt de Valençay, à deux ou trois lieues de là ! quand il est à plus bas prix encore dans la Sologne voisine ! quand enfin j'offre d'en replanter de manière à leur en donner quatre fois plus qu'ils n'en possèdent en ce moment ! ! !

Si M.ʳ le Sous-Inspecteur entend réellement l'intérêt des habitans, qu'il parle plutôt d'augmenter la quantité des fourrages nécessaires à tout le canton pour la nourriture des bestiaux du pauvre; qu'il mette ainsi le malheureux qui n'a pas de vache dans la possibilité d'en nourrir une, et celui qui en a une dans celle d'en nourrir deux ; voilà pour eux l'objet de première nécessité, et le moyen de servir utilement les trois quarts de la population.

C'est à Son Excellence qu'il appartient d'apprécier toutes ces diverses circonstances, et c'est en terminant que je lui soumettrai ces dernières réflexions :

M.ʳ le baron Favard de Langlade, dans le rapport qu'il a fait à la Chambre des Députés sur le nouveau Code forestier, a dit :

« Vous savez, messieurs, que cette autorisation (celle de défricher) » est accordée toutes les fois que la nature du sol paraît l'exiger ; mais

» pour l'obtenir plus facilement, les propriétaires n'auront qu'à offrir
» de convertir en bois une quantité de terrain à-peu-près semblable à
» celle qu'ils voudront défricher. Par cette compensation, la masse des
» bois ne sera pas diminuée, etc. »

Je le demande à toute personne impartiale : peut-il jamais exister un
propriétaire plus fondé que moi à réclamer l'application de la règle
d'équité, posée, proclamée à la Chambre des Députés par son honorable
rapporteur ? Le terrain que je demande la permission de défricher n'exige-
t-il pas ce défrichement, soit à raison de sa position entre deux rivières
qui débordent fréquemment, ce qui occasionne souvent la perte du bois
entraîné par le courant, et ce qui rend toujours l'exploitation extrê-
mement difficile ; soit dans l'intérêt de la salubrité du pays, compromise par le séjour des eaux dans tous les bas fonds ; soit enfin sous le
rapport de la fortune publique, qui doit considérablement gagner à la
conversion du bois en prés et à l'établissement d'un haras ? D'un autre
côté, j'offre de *convertir en bois une quantité semblable de terrain*,
qui mettra l'intérêt local à l'abri de toute espèce de besoin, lors même
que les environs du pays ne seraient pas déjà couverts de bois, et qui,
d'une autre part, améliorera sensiblement encore la fortune publique.

Enfin, si le terrain lui-même réclame la conversion que j'ai l'intention de faire, et qui ne peut avoir d'autres contradicteurs que des envieux,
sera-t-il donc téméraire de la part du propriétaire de faire valoir les
considérations personnelles qui le recommandent lui-même à la justice
de Son Excellence ?

Propriétaire-agronome depuis douze ans, je me suis constamment ap-
pliqué à introduire dans un pays totalement dans l'enfance sous le rapport de l'agriculture, tous les bons principes qui doivent la diriger. J'ai
employé tous mes efforts ; j'ai fait des avances considérables, qui ont même
été par fois jusqu'à gêner mon existence, pour opérer de grandes améliorations dans ma Terre des Gaschetières, près de Beaugency, et pour
donner un exemple utile. J'ose me flatter d'avoir réussi et de jouir de
ma récompense, achetée par tant de sueurs et de veilles. Encouragé

par ces premiers succès, et devenu par une circonstance fortuite propriétaire de deux fermes situées à Selles et du bois qui les environne, j'ai tenté une pareille entreprise dans cette nouvelle propriété où l'agriculture se pratiquait d'une manière plus misérable encore.

Mais ce qui ne saurait être indifférent aux yeux de Son Excellence, c'est la plantation en bois résineux et en chêne que j'ai faite dans la même Terre des Gaschetières, (où 500 hectares de bois existaient déjà) de 400 autres hectares de terrain, indépendamment d'environ 300 hectares d'anciens bois que j'ai repeuplés, ainsi que je l'ai précédemment justifié. Je ne présente point ces nouvelles plantations comme une compensation du défrichement que je veux faire à Selles ; ce serait conséquemment mal-à-propos que M.^r le Sous-Inspecteur aurait prétendu que j'avais eu l'intention de les faire admettre à ce titre, et qu'il aurait ainsi interprété ce que j'ai dit à cet égard dans ma requête ; ce qui le prouve, c'est qu'elle contient l'offre de *planter ou semer encore, et dans un rayon de deux lieues de Selles même,* une quantité de terrain semblable à celle que je désire défricher. Mais j'invoque cette nouvelle plantation, d'une part comme une preuve que je suis l'un des plus zélés propagateurs des bois, et de l'autre comme une considération qui semble me donner des droits à la bienveillance de Son Excellence, de même que les puissans motifs que j'ai précédemment développés m'en donnent à sa justice.

Je me présente donc en démontrant jusqu'à la dernière évidence cette vérité incontestable : *Je ne nuis à personne et je fais le bien de tout le monde.*

J'ose me flatter que Son Excellence, animée de l'amour du bien public, en aura bientôt acquis, comme moi, l'intime conviction, et alors sa décision ne saurait être douteuse.

VERDIER.

ORLEANS, Imprimerie de GUYOT aîné.   (Juin 1828.)